哈啰！地球

学习树研究发展总部 编著

海峡出版发行集团 | 福建科学技术出版社
THE STRAITS PUBLISHING & DISTRIBUTING GROUP | FUJIAN SCIENCE & TECHNOLOGY PUBLISHING HOUSE

给师长的话

因材施教启发孩子未知的潜能！

“学习树”是依据义务教育课程规划而设计的。它强调“分级阅读、适性学习”，囊括“语文、健康与体育、社会、艺术与人文、数学、自然生活与科技”等六大学习领域的延伸读本，并依据各领域的延伸读本、各科目的不同属性，以不同的方式呈现。

分级阅读

“学习树”的内容均与课程纲要相结合，并依该领域的知识结构逐次展开，由统而分，由简而繁。每一主题为主树“干”，逐次分“枝”，再配“叶”，形成枝叶繁茂的“学习树”。

适性学习

“学习树”的内容除了深浅难易分级外，同一主题也会有不同表现形式，如图文式、漫画式、图解式、问答式等，可以配合孩子的学习习惯或目的，灵活选用，以激发学习兴趣，克服学习难点。

启发孩子未知的潜能

对孩子来说，“学习树”是一套寓教于乐的读本，可以帮助孩子将学校“正式规划的课程”所习得的基本“学力”，内化为自己的基本“能力”。

对老师来说，“学习树”是一个立体性、综合性、系统性的资源库，可以协助老师将教学活动进行得更丰富灵活、更轻松有趣。

对家长来说，每个孩子在学习上的疑点或难点不尽相同，阅读上的习惯也因人而异，“学习树”让家长可以更有针对性地满足孩子的需要。

给孩子的话

世界真奇妙，等你来探索！

在这个发展迅速、全球人文共融的世界中，我们常常有许多的疑问，但却不知道该去哪里找寻解答。这套“学习树”读本，就是希望通过生活周围观察到的人、事、物，以轻松阅读的方式，让我们知道平常在学校所学到的，其实是可以与我们的生活密切结合的。你我其实就跟“学习树”中的主人公“小伍”与“小岚”一样，通过在生活中的提问，找寻到许许多多除了答案以外更有价值的事物，让它们成为我们的养分，使我们像树一样渐渐地茁壮成长。

亲爱的小朋友，你们是这个世界的未来，我们平日在学校所学的知识，不仅是为了考试的需求，更该应用在我们的生活中，成为身上带不走的技能。因此，我们需要开阔视野，看见世界的美好。就让我们一起进入“学习树”的有趣故事，跟着“小伍”与“小岚”，探索奇妙的世界吧！

推荐序

自我学习，自我解惑，来增进学习兴趣！

生活，真的处处都是我们学习的好场景！即使是一只小蚂蚁！

在这套“学习树”读本中，整体架构以树的概念来编写，“树根”“树干”——提供最基础的知识，扎根之后基础知识也稳固了，接着根据不同年龄层的特点提供不同的养料，让孩子可以向上发展成“树枝”和“树叶”。不同形式的表现内容（图文式、漫画式、图解式等），就如同珍贵的养分，针对“树种”的特质（孩子的差异）需求给予适当的补充，在阅读的过程中，孩子就可以自我学习，自我解惑，也因此增进学习兴趣。

相信您的孩子会爱不释手的，而且它也是很有意义的科普读物。

使用方法

“学习树”除了为孩子提供课本以外的学习内容，还配合课纲，跟学校课程相结合。

Contents

目录

我也好想看！

樟脑丸放在衣柜里为什么会变小？

知识补给站

把樟树枝叶削成片放到水里加热，水蒸气会带出樟脑油，再将之提炼就制成樟脑丸了。樟脑丸的气体能除虫也能防霉，但过量使用对人体有害。研究指出，樟脑丸的气体可能导致白血病，动物实验也显示樟脑丸与肿瘤和癌症有关。

学习小天地

用樟脑丸在蚂蚁前画一条线，你会发现蚂蚁会绕开那条线，甚至乱跑！因为樟脑丸的气味会盖住蚂蚁留下的味道，蚂蚁没办法分辨回家的路。

学习目标 物质的形态与性质

利用物质性质或外表特征来区分物质。

海市蜃楼的秘密

电影里的主角和朋友在沙漠里走得又热又渴，在快要虚脱的时候他指着前方大喊：“前面终于有城市啦！再撑一下马上就有水喝了！”他们往那个方向继续走了好久，却还是什么都没看到，到底是怎么一回事？

这种现象称为“海市蜃楼”，这是由于光线的作用而产生的。接近地面的空气受到太阳照射，温度升高，上层的空气却还是比较冷，冷空气的密度比暖空气大，

知识补给站

古人不明白产生海市蜃楼的原因，误以为那些虚幻的景象是“蜃”所造成的。蜃，是古代人们幻想的海中蛟龙，人们认为它吐出的气凝结成虚幻的景象，因此海市蜃楼也称为“蜃景”。

所以折射率也比较大。光线从一个温度的空气进入另一个不同温度的空气中，就会产生折射。当光线投射的角度满足一定的条件时，会产生类似全反射的现象，所以远方的物体每个部位所投射的光线，经过不同密度的介质抵达我们的眼睛里，就会出现“海市蜃楼”的景象了！

学习小天地

我们平常生活中也看得到类似海市蜃楼的景象！柏油路面上偶尔会有水或油，覆盖在路面上，并且反射出路上车辆的样子，这个景象就是类似蜃景的一种光学现象。

学习目标 <u>声音、光与波动</u>

知道光经不同介质会折射，折射后由于光的色散在某些角度可看到彩虹（可利用制造水雾观察彩虹）。

空气有多重要？

为什么不呼吸这么难过啊？
动物几乎都要靠空气里的氧气才能生存，没有空气就没有氧气，动物就会死亡！
那要是空气消失、氧气被吸光了呢？
有地球引力“抓着”空气，它不会消失，而大自然也有神奇的方法能保证氧气不会被吸光！
那我现在多吸一点，待会儿再练习闭气！

知识补给站

天空有多高？通常天空指的是大气层以内的空间，越往上空气越稀薄，最后就会进入所谓的太空。科学家定义大气层和太空的界线，是从地面垂直往上算大约 100 千米的地方。

学习小天地

用手在脸旁挥一挥，就能感到空气的存在。空气不仅能供生物呼吸，空气的流动更让它成为一种能源，可以用来发电、推动帆船……人的生活离不开空气。

学习目标 天气与气候变化

知道空气占有空间，空气的流动便是风。

神奇的“天然雕像”

参观美术馆时，常会看见很多不同的雕像。不过在台湾某些观光胜地，可能会听到游客边走边赞叹：“啊，这里的景观真有特色，每个岩石看起来都像是天然的雕像一样！”到底这些游客口中的“天然雕像”是什么呢？

台湾的地形变化很大，再加上台湾位于热带与亚热带气候的交界，自然景观与生态资源都相当丰富，所以也有人说台湾是“麻雀虽小，五脏俱全”。台湾有许多奇岩异石的景观，每个都是鬼斧神工，如台湾北部的野

知识补给站

台湾位于欧亚板块跟菲律宾海板块交界，受板块碰撞与海水侵蚀的影响，海岸地形非常多变。西部是平坦的沙质海岸，东部为陡峭的断层海岸，北部为曲折的岬湾海岸，南部则为极具观光与生态保护价值的珊瑚礁海岸。

柳，著名的奇岩有“女王头”“仙女鞋”“烛台石”，台东也有“石雨伞”“三仙台”等，这些岩石神奇的地方在于它们全都是自然形成的奇特美景，就像“天然雕像”一样美丽，让人赞叹。

学习小天地

地壳抬升的过程中，岩层间的裂缝受海水侵蚀形成岩柱。如果岩柱的上层较下层坚硬，那么长年受海水、风和阳光侵蚀，岩柱将逐渐形成蕈状岩。最知名的蕈状岩就是约 4000 岁的女王头，近年常遭游客破坏，如果不好好保护，它可能会面临“断头”的危险。

学习目标

地表与地壳的变动

通过观察，了解土壤、沙石发生的变化（例如堆积或流失）。

自然之美

观察欣赏生活中动物、植物、石头、山川的变化。

高山为什么？会比平地冷

啊！山上好凉呀，为什么呢？
山顶空气稀薄，能够留住热量的物质少，阳光带来的热量容易在空气中散失，降温快就比较冷喽！而太阳实在太远，山顶或平地跟太阳的距离不会影响温度。
那平地为何比较温暖呢？
因为平地空气中的水、杂质及建筑物等把阳光的热量留住了！
以后夏天我们常常来爬山避暑吧！

知识补给站

空气受热会膨胀，密度变小往上升；遇冷会收缩，密度变大往下沉。但是因为有地球引力，所以空气主要还是留在靠近地球表面的平地，越高的地方，空气越稀薄。

学习小天地

我们来做个小实验：站在水泥地上，分别用尺量出 5 厘米、80 厘米以及 160 厘米的高度，接着用温度计同时测量这三个点的气温。约 5 分钟后，读出温度并比较。结果你会发现，在同一个地方，高度不同，气温真的不一样！

学习目标

天气与气候变化

观察并体会日常生活中的气温变化。

温度与热量

知道可用很多方法去比较冷热的程度，发现热会由高温处传到低温处。

为什么会感觉到刮风？

刮风的时候，树叶会被吹得沙沙作响。坐在行进中的摩托车上，会感受到有风不停地往脸上吹拂。到底为什么会有风呢？

风，其实就是流动的空气。地球上，不同的地方接收到的太阳热量也不同。太阳热量接收比较多的地方，空气温暖膨胀，变轻上升；热量接收比较少的地方，空气就会冷却降温，变重下降。这个暖空气与冷空气上

知识补给站

古代人很早就会用风力取水了，就会制造出帆船，靠风的帮助在海上航行。今天人们已经利用空气流动产生的风能来发电了，称为“风力发电”。空气流动的速度越高，风能越大，风力发电机发出的电越多。

shēng xià jiàng de guò chéng jiù huì xíng chéng kōng qì de liú dòng fēng jiù zhè yàng xíng chéng
升下降的过程，就会形成空气的流动，风，就这样形成

le gēn jù gè gè dì fang bù tóng de tè xìng kōng qì liú dòng huì xíng chéng bù yī yàng
了。根据各个地方不同的特性，空气流动会形成不一样

de fēng lì rú wēi fēng fén fēng tái fēng děng
的风，例如微风、焚风、台风等。

学习小天地

海浪是风造成的，浪的高度会随风的强弱而变化。泡澡的时候，拿一根吸管先对水面轻吹，再慢慢增强，强弱不同的风吹到水面，就会产生大大小小的波浪。

学习目标　天气与气候变化

知道空气占有空间，空气的流动便是风。

为什么要常常看天气预报呢？

知识补给站

“天气”是大气状态的总称，指每天的气温和降水等；“气候”是指长时间大气平均的状况。天气千变万化，晴朗、多云、阴天、小雨、雾等，甚至严重到可能产生灾害的有：台风、暴风雨、干旱、雪灾等。

学习小天地

天气预报的“湿度”指空气里水蒸气含量的多少。湿度高，东西容易发霉，人也会觉得闷闷的、不舒服；湿度低，皮肤会干裂，眼睛与鼻子里也容易干涩。依照实际状况，我们可以用除湿机或加湿器来调节室内湿度。

学习目标 <u>天气与气候变化</u>

认识天气预报，并适当应对不同的天气。

通过气温、风向、风速、降雨等量化的方式，来描述天气的变化。

清晨比夜晚还冷吗？

qǐ chuáng luo shàng xué yào chí dào le wū wài miàn hǎo lěng a
“起床啰！上学要迟到了！”“呜，外面好冷啊，
zhēn bù xiǎng lí kāi wēn nuǎn de bèi wō lèi sì zhè yàng de duì huà dà jiā yīng gāi
真不想离开温暖的被窝！”类似这样的对话，大家应该
dōu bù mò shēng tiān qì hán lěng de zǎo shang zǒng shì pá bù qǐ lái yī lí kāi bèi wō
都不陌生，天气寒冷的早上总是爬不起来，一离开被窝
jiù mǎ shàng gǎn shòu dào bīng lěng de kōng qì qīng chén de shí hou shèn zhì bǐ wǎn shang hái yào
就马上感受到冰冷的空气，清晨的时候甚至比晚上还要
lěng wèi shén me ne
冷，为什么呢？

qīng chén wēn dù zhī suǒ yǐ huì zhè me dī shì yīn wèi chǔ cún de rè liàng
清晨温度之所以会这么低，是因为“储存的热量”
sàn shī le bái tiān tài yáng chí xù zhào shè zhe dì miàn rè néng bù duàn de cóng dì
散失了。白天，太阳持续照射着地面，热能不断地从地

知识补给站

如果冬天早上怕起不来的话，南方的小朋友睡前不要把窗户完全关紧，可以开一点缝隙让空气流通，也能让清早的阳光透进来。早上起床时因为有新鲜的空气，你就不会觉得头脑昏昏沉沉，加上早晨温暖的阳光，一天的活力就来了！

miàn kuò sàn dào kōng qì zhōng kōng qì zhōng
面扩散到空气中，空气中
de wēn shì qì tǐ jiù hǎo xiàng bǎo wēn bēi
的温室气体就好像保温杯
yī yàng bǎ zhè xiē rè néng bǎo cún zài
一样，把这些热能保存在
kōng qì li yè wǎn wēn dù kāi shǐ
空气里。夜晚，温度开始
jiàng dī dàn cǐ shí hái bù huì tài lěng
降低，但此时还不会太冷；
dào le shēn yè rè néng suí zhe kōng qì
到了深夜，热能随着空气
de liú dòng yǔ chuán dǎo kuài sù sàn shī
的流动与传导快速散失，
suǒ yǐ qīng chén wǒ men gǎn shòu dào de wēn
所以清晨我们感受到的温
dù jiù shì zuì dī de luo
度就是最低的啰！

学习小天地

如果闹钟都设在 7 点钟响，每天早上都在固定时间起床，时间久了人体会自己调节“生理时钟”，就算没有闹钟也会在 7 点左右起床。当然每天晚上也要尽量在固定的时间睡觉，才能养成“早睡早起”的好习惯。

学习目标 昼夜与四季

了解不同季节昼夜长短不同，气温不同。

解开星座的秘密

小朋友们知道自己的星座吗？目前我们所熟知的12星座，早在公元前就已经被命名了，到今天国际通用的星座总共有88个。到底是谁将天上的星星一颗一颗连成星座的呢？

古巴比伦人将星空划分出星座，用来计算时间。公元2世纪时，古希腊天文学家托勒密编制了48个星座的古老体系，并将希腊神话故事与星座结合，用相关的动物与人物为之命名。

知识补给站

西方文化有星座，东方文化也有自己的天文体系。在中国汉代，司马迁在《史记》中记载了“三垣二十八宿”之说。其中二十八宿又分每七颗为一组，分散在四个方位，它们分别为：东青龙、西白虎、北玄武、南朱雀。

通过星座名称，人们能计算日期，旅行者也得以辨认方位，且在沟通的时候不会鸡同鸭讲。在15、16世纪地理大发现时期，星座就是船员们在海上的最佳导航系统。后来人们又发现了南半球上空也有许多星星，天文学家便用器具替它们命名，例如：望远镜座、显微镜座等。

学习小天地

天文学家们在20世纪初就发现，黄道带上有第13个星座——蛇夫座。蛇夫座介于天蝎与射手之间，在希腊神话中是医药之神的化身，手上的权杖缠着一条灵蛇，灵蛇蜕皮即象征痊愈新生。

不过蛇夫座尚未被占星学家采纳，因为如果加入了这个星座，12星座的日期排列就要被打乱。

学习目标

地球和太空

知道太阳东升西落，

使一天分为白天和黑夜。

自然之美

体会日、地、月所形成的时序之美（例如春花、秋月、枫红）。

为什么风能吹垮一座桥？

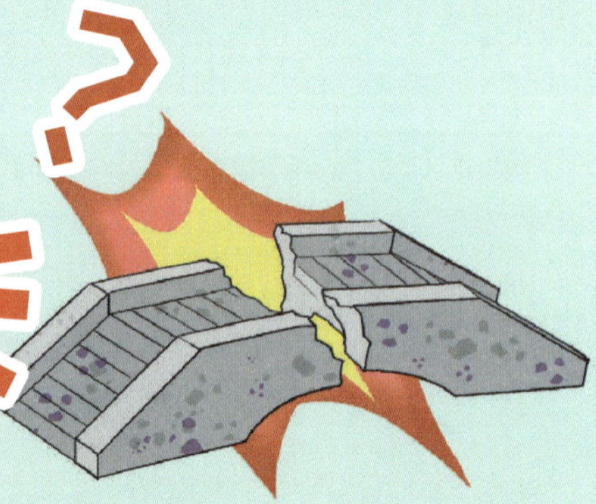

公元1940年，美国西北部的塔科马海峡大桥，在建造没多久后就倒塌了。相关人员调查发现，当时的风速每秒不到20米，桥的结构也没有问题。那到底发生了什么事呢？

后来，冯·卡门这位科学家建造了一个小桥梁模型，并用电风扇吹，

知识补给站

塔科马海峡大桥倒塌的原因称为“卡门涡街”，指的是当风或水流经过阻碍物时，有一定的概率会产生顺时针和逆时针的旋涡排列，造成对建筑的损害。

没过多久桥居然就自动垮掉了。经过一番研究，冯·卡门发现了桥梁崩塌的主要原因：当风吹动时，桥的两端会产生顺时针和逆时针两个平行反向的漩涡，让桥产生巨大的晃动，最终造成桥梁倒塌。

学习小天地

“卡门涡街”的概念其实很简单，跟荡秋千一样，如果一个人的摆动频率和秋千相反，秋千就很难荡高；但当秋千和人的频率一致，就会越荡越高。这就是“卡门涡街”这个概念要表达的简单原理。

学习目标 运动与力

了解风、水及手的推力，可使物体运动起来。

知道物体受力的大小可由形变的程度得知（例如弹簧拉长、皮球被压扁）。

焚风是什么风？

“台东山区林地因为受焚风的影响，这几天持续燃烧中，请民众暂时不要前往。”每年夏天，台东山区都会受到焚风的侵袭，从新闻画面上就能看见阵阵白烟从树林飘散到空中。

焚风是这样产生的：夏季温暖潮湿的空气从迎风面吹来，受到高山阻挡而开始慢慢往上抬升，温度因此下降，空气中原本潮湿的水气会凝结变成降雨；等最后剩下的空气翻过山顶时，水气几乎已经消散，变成干燥的

知识补给站

夜晚山顶温度低，空气往山谷流动，就是“山风”，到清晨形成一片白雾；白天山顶空气受热往上升，空气从山谷往上流动，也就是“谷风”，有时会造成白云环绕山头的状况，不过通常山风和谷风都不是太强烈。

空气；干燥的空气随着山势往平地吹，高度下降，温度上升，形成焚风。每下降100米，焚风的温度上升0.6摄氏度。山的高度越高，焚风的温度也越高。焚风最主要的危害是造成森林大火，或因为融化山区积雪而导致下游洪水泛滥。

学习小天地

焚风造成的山区森林大火通常面积都很广大，火势会因为风的吹向及大小而改变。这种山火一般的消防车很难有效地扑灭，因此多半需要靠消防飞机从空中大面积喷洒灭火药剂才能控制火势，防止波及邻近的居民。

学习目标

天气与气候变化

知道空气占有空间，空气的流动便是风。

燃烧及物质的氧化与还原

认识燃烧需要空气。

台风为什么可怕？

中国沿海地区几乎每年夏季都会受到台风的侵袭，从过去到现在，台风给我们造成了许多严重的灾情，如泥石流、洪水、房屋倒塌、断电、行道树被连根拔起等。也有许多民众因为台风的影响，失去了原本的家园。

台风主要于7~10月夏秋之间，在西北太平洋产生，因为这时海水的温度高（26.5摄氏度以上）、空气湿度大，所以热带气旋容易慢慢发展为台风。通常在台

知识补给站

海面温度高，热空气会不断往上升，到高空又凝结成水滴，形成降雨掉落海中，这个对流现象反复发生，最后就出现了从卫星云图上看逆时针回旋的台风。每秒风力 17.2 米的为热带风暴，达 24.5 米的为强热带风暴，达 32.7 米的为台风，达 41.5 米的为强台风；风力每秒达 51 米以上的则是超强台风。

风中心（台风眼）是天空晴朗无云的状态，但外围云系则宽广厚实，威力非常强大。台风引起的强风、大浪、连续强降雨，都会对人民的生命财产造成威胁。

学习小天地

台风的命名，是由台风委员会中 14 个成员分别提供名字，形成命名表，依次轮流使用。有些是各地传说神灵的名字，有些是动植物的名字，有些则是各地人名或地名，不过因为中文翻译的关系，所以台风的名字有时候听起来很特别。

学习目标

天气与气候变化

认识天气预报，并适当应对不同的天气。

自然灾害与防治

了解台风与地震造成的影响。

知道如何防台、防震及应变。

为什么风大的冬天特别冷呢？

知识补给站

在台湾，气温 15 摄氏度且风大的时候，感觉上可能比美国零下 5 摄氏度、正在下雪的北京还冷！人体感受的温度称为“体感温度”，处于季风地区的台湾，冬天的寒风常让体感温度比实际温度低很多，所以要注意保暖才不会生病！

学习小天地

其实如果空气不流动，不产生风，空气是可以帮我们保温的！冬天大家常穿的羽绒外套，看起来蓬松，里面除了羽绒外还有很多空气，这些空气也是隔绝冷空气、帮助我们保温的好帮手。

学习目标 **温度与热量**

知道可以用很多方法去比较冷热的程度，发现热会由高温处传到低温处。

龙卷风的威力有多大？

知识补给站

龙卷风除了有强大到足以把重物卷上天际的气流之外，多半都还会夹带着雷电、暴雨甚至冰雹，地面上的东西就算侥幸没有被卷走，也可能会受到其他连带效应的毁损。因此在龙卷风出现时，一定要立刻找安全的地方避难。

"快！拿着重要的东西躲到地下室，龙卷风就快吹到这里来了！"龙卷风对居住在中国的我们来说比较少见，受龙卷风侵袭的地区多半都是在美国境内，根据统计，美国每年平均会出现1200多个龙卷风呢！

龙卷风的威力比强台风还要大，中心风速最高可以达到每秒200~300米，因此虽然影响的时间短，但破坏力惊人。它形成的原因是因为冷空气急速下降，热空气上升，冷热空气激烈地循环交替产生漩涡状的气流。气旋慢慢增强扩大，就变成龙卷风。龙卷风会把所经过地区的房屋、车子、大树等卷起，等龙卷风消失，这些物品会就地掉落，造成灾害。

学习小天地

我们知道北半球的台风都是逆时针旋转的，但龙卷风的旋转方向则不一定。北半球的龙卷风，受地球自转的影响，多数是逆时针旋转，但部分小型的龙卷风则是顺时针旋转的！

学习目标 天气与气候变化

认识天气预报，并适当应对不同的天气。

为什么城市会出现“热岛效应”？

小朋友有没有发现，气象主播在播报天气的时候，城市的温度怎么好像都会比郊区高呢？科学家在20世纪60年代就发现了这个状况，他们通过人造卫星进行更仔细的观测，发现城市的温度总是特别高，在温度曲线上会特别突出，高温的城区处于低温的郊区包围之中，像是一座岛的样子。科学家就称这种现象为“热岛效应”。热岛效应是怎么形成的呢？

知识补给站

城市建设宜挑选具有反射阳光特性的建筑材料，以取代柏油和水泥，建筑外墙宜涂上不易吸热的涂料，建筑内部宜预留通风管道，城区宜多种树并善用水源系统，这样可以减轻“热岛效应”。

bǐ qǐ jiāo qū chéng shì lǐ miàn duō shì yǐ gāng jīn shuǐ ní wéi jiàn zhù cái liào
比起郊区，城市里面多是以钢筋水泥为建筑材料，
dì shang pū de yě dōu shì bǎi yóu lù bǐ qǐ tiān rán zhí bèi gèng róng yì xī rè ér bù
地上铺的也都是柏油路，比起天然植被更容易吸热而不
yì sàn rè chē liàng kōng tiáo gèng shì bù tíng pái chū rè qì dào chéng shì zhōng suǒ yǐ
易散热，车辆、空调更是不停排出热气到城市中，所以
chéng shì zhōng de wēn dù dāng rán bǐ jiāo qū gèng gāo
城市中的温度当然比郊区更高！

学习小天地

空调冷气是把室内的热气排到室外，造成“冷气开得强，外头天气越热，外头天气越热，冷气又开得更强”的恶性循环。我们即使无法完全不开空调，也应定时定温，尽力节能减排，为环保尽一份心力！

学习目标

<u>天气与气候变化</u>

观察并体会日常生活中有气温的变化。

<u>温度与热量</u>

知道可以用很多方法去比较冷热的程度，发现热会由高温处传到低温处。

“热浪”为什么可怕？

“今天中午竟然接近39℃，太夸张了吧！撑遮阳伞也没有用！”近年来，我国南方一些地区夏季气温居高不下，新闻纷纷用“热浪”来形容这个现象，提醒人们要懂得避暑。到底热浪为什么这么可怕呢？

热浪会把生活空间变成一个巨大的“烤箱”，持续几个星期的高温，可能造成铁路被烤到变形、农作物被晒干枯死、民众中暑昏倒。2003年的欧洲热浪就让南欧

知识补给站

热浪与高气压有关，高气压盘旋的地区，如欧洲地中海附近、大洋洲的西南与东南沿海，夏季降水少，气温高过平均值。中国对高温热浪的定义是：连续3天以上日最高气温达到或超过35℃。

35000多位居民葬送了生命。人类的皮肤会进行热量交换，以保持身体恒温，但太热的天气会阻碍皮肤散热，造成过度流汗。流失大量的水与盐分时，人会出现晕眩、昏迷等症状，如果没有及时抢救，可能会有生命危险。这就是热浪不容忽视的可怕威力！

学习小天地

大热天出门前要先擦防晒乳，准备遮阳帽或遮阳伞，穿着尽量宽松；出门后，尽量走在阴凉通风处，避免阳光直射。高温天气应持续补充水分，但不要把含糖饮料当成解渴替代品，如果有点不舒服一定要快快休息！

学习目标

天气与气候变化

了解夏天气温高，冬天气温低。

温度与热量

认识天气预报，并适当应对不同的天气。

石油还能用多久？

石油被广泛应用在生活中，除了汽油和柴油外，衣服、化学肥料、杀虫剂等，也都是跟石油相关的产品。石油对我们来说这么重要，它到底还能用多久呢？每个科学家的观点不同，许多相关因素也无法用数字计算，因此，这个问题目前没有标准答案。

石油是一种不可再生的能源，科技的进步让人类能在更多新的地点开采石油。同时，地球上的石油形成

知识补给站

石油跟煤矿、天然气一样，是史前生物死亡腐化以后，在地底承受高温、高压的作用，经过漫长的地质年代变化而产生的。石油是具有黏性的液态可燃性物质，所以大多被当成推动机械或运输工具的能源来使用。

de shí jiān fēi cháng màn cháng yīn cǐ bù shǎo rén dān xīn guò dù de kāi cǎi hé shǐ yòng
的时间非常漫长，因此不少人担心过度的开采和使用，
huì bǎ shí yóu wán quán yòng guāng dàn qí shí chú le shí yóu zhī wài xiàn zài rén men yě
会把石油完全用光。但其实除了石油之外，现在人们也
kāi shǐ yùn yòng tì dài néng yuán lì rú
开始运用替代能源，例如：
yè yán yóu shēng wù chái yóu tài yáng néng
页岩油、生物柴油、太阳能
děng dà jiā yī qǐ gǎi biàn shēng huó fāng shì
等。大家一起改变生活方式，
duō lì yòng kě zài shēng néng yuán duì wèi lái
多利用可再生能源，对未来
de shēng huó wǒ men jiù kě yǐ bù yòng guò dù
的生活我们就可以不用过度
jiāo lù
焦虑。

学习小天地

节约能源不但省钱还能减少环境污染，我们要如何做呢？多搭乘大众交通工具、步行或骑自行车；停车太久必须熄火；非必要的东西不要放在车上，减少重量就能减少车子消耗汽油的量！

学习目标 <u>能源的开发与利用</u>

知道什么是能源，并认识日常生活中常用的能源（例如煤气与电能）。

了解日常生活中常用的燃料（例如木炭、酒精、固体酒精、汽油、天然气等）。

能养成节约能源的习惯，不随意浪费电、煤气。

汽油和石油有什么差别？

“太好了，辛苦这么久，终于被我们挖到啦！”一个穿着汗衫的人看着地上的坑洞，正一阵一阵地喷出黑色的液体，他兴高采烈地又叫又跳。到底是挖到什么东西让他这么兴奋？喔！原来是石油。

石油到底是怎么来的呢？原来在远古时代，动物和植物死亡后，经过漫长的地质作用沉积在地底。经年累月下来，动植物身上的有机物转化成一种黑色浓稠的

知识补给站

原油经过分离程序后，还会剩下一些残渣，那些东西有用吗？其实那些黑黑的东西就是沥青，我们把沥青混合碎石头在地面铺上足够的厚度，压平、降温之后，就铺就了大家熟悉的柏油路。

混合物，这就是我们说的“石油”，而没有处理过的石油就叫“原油”。开采出石油后，通过化学处理的方式分离石油里不同重量的化合物；其中分离出来的汽油或沥青，就是我们常见的产物。所以平常大家开车要加的汽油，其实就是从石油当中提炼出来的！

学习小天地

不小心踩在刚铺好的柏油路上，感觉黏黏的，有些沥青还会黏附在鞋底！这是因为沥青具有黏性，高温的时候呈胶状，马路刚铺好沥青还没有冷却，水分还没蒸发，踩到就会感觉黏黏的了。

学习目标

能源的开发与利用

知道什么是能源，并认识日常生活中常用的能源（例如煤气与电能）。

资源的保护与利用

知道煤、天然气、石油、核能、水力与太阳能为重要能源。

马可·波罗眼中的黑石头是什么？

知识补给站

煤矿的开采和燃烧都会产生许多污染，伤害人体健康，造成酸雨和温室效应。煤矿矿坑的工作也非常危险，矿工会染上慢性肺病，加上煤矿坑中有沼气，万一没注意浓度，不小心就会引起爆炸。

公元13世纪时，著名的意大利旅行家马可·波罗，把他在旅途中的所见所闻写成《马可·波罗游记》，书中提到一种整夜燃烧都不会熄灭的“黑石头”，这其实就是现在我们说的煤。

煤是古代植物的遗骸，在地底受地壳挤压成煤炭。煤是现在被广泛使用的化石能源之一。从用于煮饭、取暖，到成为机械动力来源、化学工业原料等，煤可以说与我们息息相关，是科技工业的基本“食粮”。13世纪前，西方的国家还不了解煤的功能，不像中国在元朝之前就已经有采煤、用煤的历史，所以马可·波罗一开始才会把煤说成是黑石头。

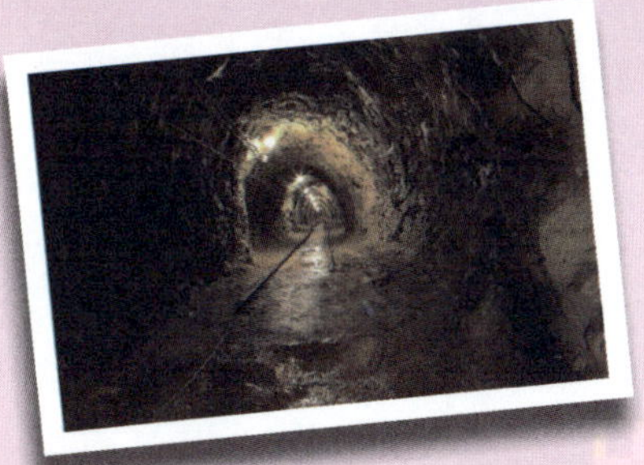

学习小天地

台湾采矿历史有125年，矿坑遗址见证台湾近代工业化的过程。位于新北市平溪的台湾煤矿博物馆，还保有当时矿坑的通道设计和电气火车头，小朋友们不妨和家人一起去看看，了解台湾矿业的历史及矿工的辛劳。

学习目标 <u>能源的开发与利用</u>

知道什么是能源，并认识日常生活中常用的能源（例如煤气与电能）。

知道煤、天然气、石油、核能、水力与太阳能为重要能源。

为什么矿物的种类那么多？

每一颗岩石都是由多种矿物组成的，矿物若经过提炼加工，就能生成各式各样的金属或非金属。矿物是各种元素按照一定规则排列而成的，它们在地底受到温度、压力的影响，因而有了自己独特的“排序方法”，即使成分相同，如果排序方式不同，外表、性质差异也会非常大。

知识补给站

朱红的赤铁矿、翠绿的孔雀石、黑色的石墨等矿物，是古人的颜料。这些矿物能吸收不同波长的光，并通过不同的结构，反射出不一样的色彩。

bǐ rú shí mò yǔ zuàn shí tóng yàng dōu shì
比如石墨与钻石，同样都是
yóu tàn yuán zǐ zǔ chéng de dàn shì jié gòu pái liè bù
由碳原子组成的，但是结构排列不
tóng suǒ yǐ tā men de xíng zhuàng yán sè guāng
同，所以它们的形状、颜色、光
zé yìng dù dōu xiāng chā le shí wàn bā qiān lǐ bù
泽、硬度都相差了十万八千里。不
guò kuàng wù de xíng zhuàng hái shi yǒu guī zé kě xún de
过矿物的形状还是有规则可循的，
jīng tǐ de jǐ hé dān xíng zhǐ yǒu zhǒng zài chéng
晶体的几何单形只有47种，在成
zhǎng guò chéng zhōng rú guǒ méi yǒu wài lì jiè rù néng
长过程中如果没有外力介入，能
zì yóu shēng zhǎng jiù huì fú hé lǐ xiǎng de duì chèn
自由生长，就会符合理想的对称
xíng zhuàng dà bù fen de qíng kuàng xià dì zhì zuò
形状。大部分的情况下，地质作
yòng xíng chéng de kuàng wù dōu yǒu qí huán jìng xiàn zhì
用形成的矿物都有其环境限制，
yǐ zhì yú bù guī zé xíng zhuàng bǐ jiào cháng jiàn
以至于不规则形状比较常见。

学习小天地

钻石有很高的折射率、最硬的硬度和较大的色散值。它光泽透亮，表面耐磨，还能将白光色散成醒目的彩光。目前人们用克拉重量、色泽、净度与切工来为钻石定价，而这四要素的英文单词开头都是“C”，因此又称为“4C标准”。

学习目标 物质的形态与性质

明白物质各具不同特征（如颜色、形状、软硬、气味、粗细等）。

利用物质性质或外表特征来区分物质。

硫磺是什么？

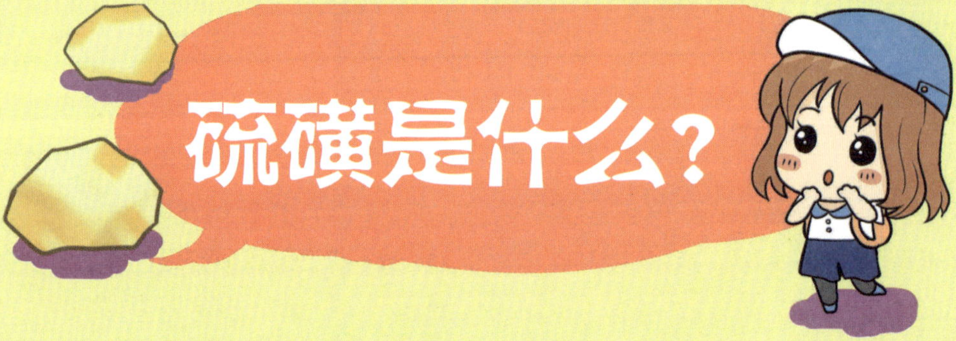

shān bì shang huáng sè de dōng xi shì shén me
山壁上黄色的东西是什么
a bà ba
啊，爸爸？
小油坑
nà ge jiù shì liú huáng a
那个就是硫磺啊！
liú huáng shì shén me
硫磺是什么？
shì kuàng wù ma
是矿物吗？
小油坑
liú huáng suī rán kàn qǐ lái shì jié jīng zhuàng
硫磺虽然看起来是结晶状，
dàn tā hán yǒu zá zhì suǒ yǐ bù shì kuàng wù zài
但它含有杂质所以不是矿物！在
zì rán jiè zhōng zhǔ yào chū xiàn zài huǒ shān dì qū
自然界中主要出现在火山地区。
nà tā yǒu shén me yòng tú ma
那它有什么用途吗？
小油坑
tā kě yǐ yòng yú jiā gōng shēng chǎn shā
它可以用于加工生产杀
chóng jì huǒ yào féi liào děng
虫剂、火药、肥料等。
suǒ yǐ tā suī rán chòu chòu de
所以它虽然臭臭的，
hái shi tǐng yǒu yòng de ma
还是挺有用的嘛！

知识补给站

纯的硫是浅黄色的结晶体，但它也会以硫化物的形式出现，如黄铁矿、方铅矿等矿物。工业上最常用到的就是硫酸，不管是作为脱水剂或是制作电池都会用到，硫化物也可以用于造纸，有漂白剂的功能。

学习小天地

火山地区除了硫磺之外还有其他的自然资源，最常见的就是地热，也就是温泉。除了能让人们享受冬日泡温泉的乐趣，这种来自火山的天然地热还能用来发电。

学习目标

<u>物质的形态与性质</u>

利用物质性质或外表特征来区分物质。

<u>自然之美</u>

观察并体会化学结晶之美与矿物之美。

地球上的岩石分成哪三族？

岩石虽然长得不太一样，但都有类似的特征及形成过程。科学家们依形成方式把岩石分为三大家族：岩浆岩、沉积岩及变质岩。

由滚烫的熔岩、岩浆形成的岩石称为“岩浆岩”，例如：在地表内阴凉处慢慢冷却的花岗岩，或是火山喷发后，极速凝结的玄武岩。“沉积岩”是那些在地面因风吹雨打、河流冲刷、动植物破坏或温度变化，最后裂

知识补给站

火山喷出的岩浆岩会被风化成沙粒，冲刷到河中挤压成沉积岩；沉积岩年复一年被埋在地底，直到接触地热融化成岩浆；过一段时间，岩浆喷出后凝结，又再次变成岩浆岩。

成碎屑的矿物细沙，堆积后组成的岩石，常见的有页岩、砂岩。“变质岩”则是岩浆岩或沉积岩受地质作用影响，在地壳的高温、高压下形成的新生石头，大理石就是石灰岩的变质岩。

学习小天地

岩石也会随着时间逐渐老化，科学家通过对化学元素的研究，得知目前在地球上已发现最老的岩石已经 44 亿岁了。古老的岩石珍贵的地方，就在于可以从它的成分知道早期海洋的状态，理解地壳在哪段时间发生变动。

学习目标

组成地球的物质

知道地表有石头、沙与土壤等，各具特征，可以分辨。

物质的形态与性质

利用物质性质或外表特征来区分物质。

地球内部长什么样？

一定有许多人对地球内部的构造很好奇，但目前只能靠地震波来窥探地球内部的世界。1909 年 9 月，克罗地亚首都附近发生了地震。当地的地震学者莫霍洛维奇分析地震波后发现，地震波在地下几十千米处，会突然加速移动。因此他猜测地壳之下，有一处界面，该界面的上下两层由不同的物质组成。这个

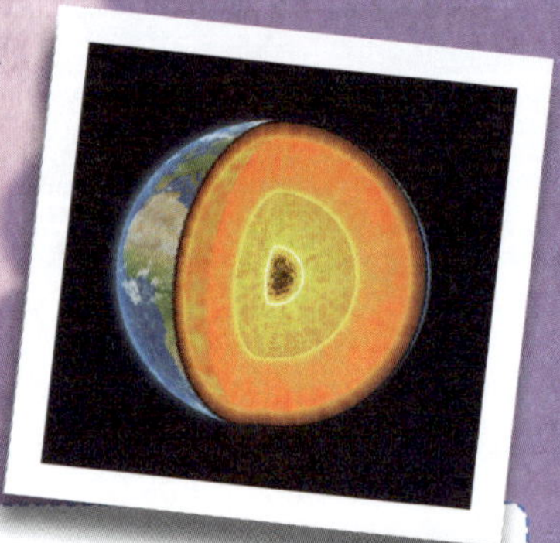

知识补给站

地震波的纵波在固体与液体间都能传播，横波却不能穿透液体，运用这个特性，地质学家能了解地底的物质组成。横波碰到地核外核就不再移动，要往更里面才开始传送。由此推知，地核外核呈液态，内核则呈固态。

界面被称为“莫霍面”。

地震波包括横波与纵波。当横波到达地下约2900千米深时便停止传播了。德国物理学家古登堡依据莫氏的想法，认为再下去一层的物质又不同，称此横波的“刹车”界面为“古登堡面”。通过莫霍面，我们确认了地壳和地幔的分界；通过古登堡面，我们知道地幔和地核的差别。地球的三层结构远在地底，也近在眼前。

学习小天地

电影《地心历险记》描述一位教授和他的侄子“潜”入地心，撞见史前植物与怪物的经历。实际上，科学家在钻探到4千米深的地方，发现了耐得住高温的厌氧细菌。这些细菌早在地球形成初期就存在了，的确可以说它们是“史前怪物”！

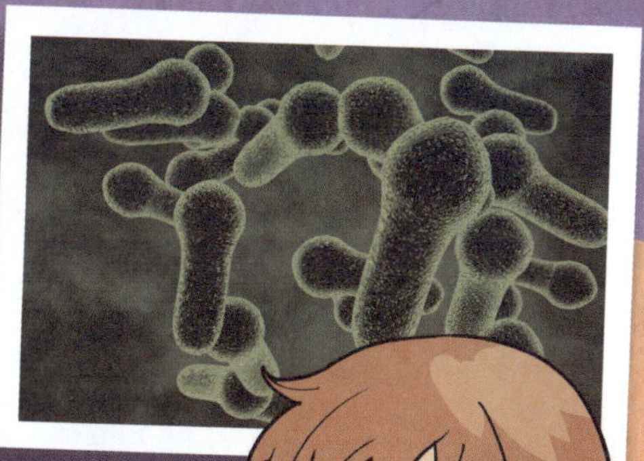

学习目标

组成地球的物质

知道地表有石头、沙与土壤等，各具特征，可以分辨。

科学的发展

介绍人类利用科学改善生活的演进史。

土壤有分不同的层次吗？

“地球从地表到地心这么厚，不知道地底下的土壤是不是和地表的土壤一样呢？”土壤分层的方式，主要是跟土壤的形成过程有关。

最原始的地球上，火山喷发出来的岩浆冷却后形成岩石，这是土壤的最开端，也称“基岩层”；经过风吹雨打的侵蚀，碎屑之间的空隙让空气和水可以在其中流动，慢慢有微生物生长，这层叫作“底土层”；苔藓、

知识补给站

土壤的分布、质地，在每个地区都各有不同，因此会形成不同的颜色，如黄色、黑色、红色等。不同的土壤也能反映各地自然条件，像岩石风化的地区，多半会是灰白土；植物种类多的地区，有大量有机物质腐烂累积，则会形成深色的黑钙土。

地衣这类生长在上面的基层植物死亡后腐烂，提供给更高一等的植物作为养分，这层是“心土层”；在这之上有各种大型植物繁殖生长，植物死亡或是有枯枝、枯叶掉落也累积为养分，让更多生物赖以为生，这就是“表土层”。不同层次的土壤各自都有一段不同的故事，从土壤层次的变化，我们也能了解生命变迁的历程。

学习小天地

含有大量氧化铁而呈红色的红土是酸性的，养分比较少，如果要用来种植主要的粮食作物，就要利用有机肥料改变土壤酸碱值，或是直接种植能适应酸性土壤的植物，例如柑橘类作物。只要对症下药，每种土壤都是能用来耕作的！

学习目标

组成地球的物质

知道地表有石头、沙与土壤等，各具特征，可以分辨。

物质的形态与性质

利用物质性质或外表特征来区分物质。

地球几岁了？

爸爸，这些动物如果这么多年以前就生活在地球上，那地球到底几岁了？
地球很老喽！科学家推测应该有50亿岁了。
三亿年前 古生物
啊，这么老了，科学家是怎么知道的呢？
他们是利用宇航员从月球带回来的岩石样本测定年份后推测出来的。
可是月球跟地球有什么关系吗？
月球是地球跟其他星球碰撞产生的，所以可以从月球岩石年龄来推测呀。
哈哈，地球是超级老先生！

知识补给站

根据科学家推测，陆地和海洋约在 43 亿年前慢慢形成，最早的生物则约在 36 亿年前出现，至于人类则出现得比较晚，大约是在 200 万年前才开始出现的。所以比起其他生物，人类可以说是在地球上出现时间最晚、影响却最大的物种。

学习小天地

科学家是利用一种叫“同位素定年法”的方法来测量岩石年份的，他们以测量放射性元素衰变的量和产生的新物质的量，推测出月球岩石年份约是 46 亿年，加上放射性元素自然耗损的时间，因此一些科学家认为地球的年纪约有 50 亿岁。

学习目标

组成地球的物质

知道地表有石头、沙与土壤等，各具特征，可以分辨。

物质的形态与性质

利用物质性质或外表特征来区分物质。

海底有多深？

海底到底有多深呢？在很久很久以前，人们想到了一个办法来测量海的深度。他们准备一条非常长的绳子，绳子每隔一段相同的距离就打一个结，最后在绳子的后面绑上一块大石头。把石头丢进海中，利用石头的重量让绳子能够直直地沉入水里，如果石头碰到海底，只要把绳子拉上来，数一数有几个绳结，就可以知道海有多深了。可是没想到海底真的很深，无论绳子再怎么长就是碰不到底，人们也就无法知道海底有多深了。

知识补给站

海底没有固定的深度，因为它拥有不同的地形。在海底下也有突起的火山，称为海底火山，也有像山谷一样的海沟。世界上最深的海沟是马里亚纳海沟，位于马里亚纳群岛的东方，在大西洋的西部，深达 11000 米。

现代的人利用先进的科技终于测量出海底的深度，最深的海底居然可以达到一万多米深呢！现代人是怎样测量的呢？难道我们有比古代人还要长的绳子吗？其实现代人不是用绳子来测量海底，而是使用一个叫作“声呐”的工具，利用声呐从海面上就可以进行侦测，比起丢石头还来得方便呢。

学习小天地

声呐是利用声音可以在水中传播、遇上物体会反射的特性，针对水中特定目标进行侦测的一种技术设备。科学家会在海面上发出声波，让声波进入水中，再根据反弹回来的声波进行计算，就可以侦测到目标位置啰！

学习目标 自然之美

观察欣赏生活中动物、植物、石头、山川的变化。

什么是大陆架？

看电视新闻的时候，会听到记者播报：“大陆架区域里有丰富的海洋资源，许多渔民都喜欢开着渔船，到那个地区内捕鱼。”到底什么是“大陆架”呢？大陆架，指的是深度不超过200米的浅海地区，是陆地向海洋延伸大约数十千米的部分。

知识补给站

大陆架上也有丘陵、盆地和水下河谷，这些河谷看起来就像是陆地上的河流，有蜿蜒的河道、冲积平原和三角洲，有些还跟陆地的河流衔接。其实它们原本也是陆地上的河流，只是后来随着地壳变化才被海水淹没。

小朋友们可以想像一下，有一大片陆地向海洋延伸，淹没在海水底下，那个区域就是大陆架。大陆架的地势大多很平坦，边缘会有点倾斜，这个倾斜的坡就是“大陆坡”；大陆坡继续深入，之后就是更大片的深海平原。大陆架的海水比较浅，所以阳光可以直接照射到海底，适合各种生物生长，是鱼类生活的好地方，当然也就会吸引渔民到那个地区捕鱼了！

学习小天地

深海平原是指海洋深处平坦的海床，可以有数百千米的宽度。因为既深又宽广，所以这是地球上最少被开发的区域，覆盖程度大约占了海洋面积的 40%。深海平原在大西洋分布最多。

学习目标 自然之美

观察欣赏生活中动物、植物、石头、山川的变化。

沙滩和沙洲一样吗？

知识补给站

台湾岛东部沿海地区有一些特殊的悬崖海岸，主要是由原本裸露在海面上的岩壁，受海浪和风力的侵蚀而渐渐形成的。如果海岸沿线刚好是个断层地形，那么悬崖就更加陡峭了。

夏天时小朋友们一定很喜欢到海边戏水、堆沙堡，其实沙滩就是一种海岸线边缘平坦的地形，主要是由长年下来已经磨得很细小的沙石，以及从海里被冲上岸的珊瑚、贝壳碎屑堆积成的。

这些颗粒的直径如果比 0.2 厘米还要小，就是沙滩；比 0.2 厘米大的话，则是砾滩。像是台湾南部垦丁的沙滩、北部的白沙湾等，都是知名的海滩戏水胜地。至于沙洲则多半出现在河流入海口或是海中，由当地的泥沙堆积而成，是一种沙质的陆地。它们有些看起来像个小岛，有些则是连接着陆地。沿海地区、江河入海口等都有沙洲地形。

学习小天地

沙滩的沙除了可以堆成简单的小沙堡之外，还有许多艺术家们会利用沙子来做沙雕。这类沙雕的体积多半都很巨大，例如喷火龙、建筑、交通工具等，这些都是让人赞叹的沙雕作品！

学习目标

组成地球的物质

知道地表有石头、沙与土壤等，各具特征，可以分辨。

地表与地壳的变动

通过观察，了解土壤、沙石发生的变化（例如堆积或流失）。

太鲁阁峡谷是怎么形成的？

知识补给站

另一个世界上有名的峡谷就是位于美国科罗拉多高原的大峡谷，虽然乍一看峡谷里好像没有河流，但它的确是因为科罗拉多河日积月累的侵蚀而形成的，而且它的范围更宽阔，深度更深，峡谷崖壁的断层纹理也相当清楚。

学习小天地

大理石是石灰岩变质后形成的“结晶石灰岩”，因为云南的大理出产许多这类的岩石，因此我们就叫它大理石。它质地坚硬，而且有许多不同的颜色，通常被用来雕刻艺术作品或是作为建筑的材料。

学习目标 地表与地壳的变动

通过观察，了解土壤、沙石发生的变化（例如堆积或流失）。

没有阳光的深海动物园

植物进行光合作用把阳光转化成养分，草食动物把植物吃掉，肉食动物吃掉草食动物，死亡后的生物遗体被细菌分解成养分。陆地上的食物链，让我们很难想像没有阳光怎么办。

人们曾以为没有阳光的深海，是冰冷的荒原，直到科学家看见海底各种奇形怪状的生物，才推翻太阳是万物生命必需品的定律。原来，生命能量除了靠外部的太

知识补给站

因为大部分的光无法穿透到深海，所以深海是一个黑色的世界，但深海中可能还有超过一千万种的生物等着人类去发现，比起热带雨林，深海可能才是地球上最大的生物栖息地！

阳能，还能利用内部的地球能。深海热泉喷口或冷泉喷口附近有许多微生物，有些爱吃硫，有些爱吃氢气，有些爱吃甲烷，有些爱吃金属。它们是深海动物的养分基础，类似陆地上的各种植物；因为有它们，深海里其实是很热闹的呢！

学习小天地

深海里，许多生物为了捕捉猎物或躲避猎捕，会改变自己的颜色。譬如透明无色的玻璃乌贼，成功让自己在阴暗的背景里隐形；深海螃蟹是白色的，刚好能躲在石头沙堆中。

学习目标 生物和环境

知道生物的生存需要水、空气、土壤、阳光、养分等。

知道生物生存需要水、阳光、空气、食物等资源，以及不同的环境有不同的生物生存。

山脉是怎么形成的？

“这座山真的好高啊！感觉上已经爬了好久，但实际上离山顶还有一段距离呢！”中国有不少高耸的山脉，小朋友们知不知道山脉是怎么形成的呢？

大自然通过几种不同的方式来造山，一种是频繁的火山活动不断将地层往上推；一种是地壳互相挤压，岩层慢慢出现褶曲，产生波浪状高低交替的地形，隆起的部分就是现在的山脉；另外还有一种，岩层断裂后互相

知识补给站

如果把整个地球表层摊平来看，会发现多数山脉分布的地区都是各板块交界的位置，所以可以由这些山脉的高低，来推测当初地壳运动的活跃及其范围的广泛。

挤压造成一边突起，那一侧就是山脉。山脉的形成要经过许多万年的时间，每年抬升的高度可能不到1厘米，相当不容易，因此人类更要避免过度开垦，破坏了这样美丽雄伟的自然景观。

学习小天地

台湾垦丁公园里的石灰岩山壁中，能看见贝壳镶嵌在里面。这可不是人工做成的装饰品，而是由于地壳抬升被挤出海面成为山脉，让原本沉积在其中的贝壳与其他海中生物化石跟着地壳变动而出现在山壁间了。

学习目标 自然之美

观察欣赏生活中动物、植物、石头、山川的变化。

钟乳石是怎么形成的？

台湾垦丁公园里有几个特殊的洞穴，进去里面之后会看见许多奇形怪状的石头，有的看起来是从洞穴上方往下长，有的则是由地面往上长，这就是所谓的“钟乳石”。

钟乳石洞穴是石灰岩层受到雨水中的碳酸侵蚀，石灰质随水流失慢慢掏空而形成的。但水和石灰岩的溶蚀作用没有因此停止，含有石灰质的水滴从洞穴顶部不断地滴下，石灰质就分别在洞顶与地面上积累，日积月累

知识补给站

石灰岩是沉积岩的一种，大部分是由海中生物，像贝壳类动物、珊瑚虫、海藻等的遗体沉积而成的，但也有部分是由水中的碳酸钙沉淀积压形成。石灰岩和大理石一样含有大量的方解石，所以如果遇到稀盐酸溶液，会有起泡的现象。

形成了现在大家看到的奇特地形景观。这些天然的钟乳石有的像老人的侧脸，有的像巨大的耳朵。小朋友们有机会的话，不妨也去这些神秘的钟乳石洞中走走吧！

学习小天地

从钟乳石洞顶部往下长的称为“石钟乳”，由地面往上长的称为“石笋”，这两者连接在一起就称为“石柱”。每年洞穴溶蚀作用滴下来的水里含的成分都不大一样，因此科学家可以通过石笋的年轮，推断它们形成的年代。

学习目标 自然之美

观察欣赏生活中动物、植物、石头、山川的变化。

为什么会有泥石流？

妈妈，为什么会有泥石流啊？
伴随台风而来的大暴雨不断冲刷山坡，使得土石松动，再加上受地心引力影响，土石便往下滑落。
那速度很快吗？
对啊，土混着雨水加上石块的流速很快，瞬间就能把房屋淹没。
好可怕！可以预防吗？
平时就要做好水土保持工作，避免过度开发山坡地。

知识补给站

土石崩落其实是自然的现象，毕竟经过长时间风化作用、雨水侵蚀以及地震，山区的土石多少都会坍塌。这也是土壤形成的过程。不过近年来，每逢下大雨就有严重的泥石流灾害报道。这完全是因为人类过度破坏、开垦所致的。

学习小天地

预防泥石流带来的灾害，除了禁止在山区滥垦之外，还要做好水土保持，整平坡度过于陡峭的山坡，加装防护网或是进行土石强化工作，依照各地不同的土壤及岩石性质，设置相应的挡土或是落石拦截设备。

学习目标

<u>自然之美</u>

观察欣赏生活中动物、植物、石头、山川的变化。

<u>人类与自然界的关系</u>

知道人类活动会改变环境，这种改变可能破坏自然环境，并了解森林面积的减少对大气、土地等的影响。

为什么流沙会将人吞没？

爸，只有沙漠有流沙吗？
有水的地方都可能有流沙，即使表面看来干爽结实，但受到过大的压力时，其上的人还是会下沉。
所以是水让沙流动的吗？
地下水让沙子能对抗重力，加上地震让深层水跑到表面；水和振动使摩擦力变小，沙土就变成会流动的液态土了。
原来流沙是这样形成的！好想看看流沙长什么样子。

哈哈！快來看我！

知识补给站

流沙是土壤液化、地震后产生的地质作用，“年轻”的沙质土特别容易产生。液化后的土壤承载力会下降，造成地层下陷。地震前本来盖在上面的建筑、房屋，很可能会在地震后下沉甚至倒塌。

学习小天地

人体密度比流沙小，因此可以在流沙中浮起来。关键就是不要惊慌，背朝下躺平，扩大受力面积，然后缓慢移动身体，慢慢爬上岸，急着挣扎只会加速下沉和浪费体力。

学习目标 **地表与地壳的变动**

通过观察，了解土壤、沙石发生的变化（例如堆积或流失）。

地震来了

“有地震！大家快跑到操场中央去避难！”对于居住在地震带的人们来说，地震是从小到大习以为常的事情，有些人还会开玩笑说地震是因为地牛翻身。

其实，地震主要是因为地球上各个板块互相挤压、碰撞，地底岩层断裂而产生的。地震发生时，通常从地震中央有地震波往外扩散，纵波会导致上下震动，

知识补给站

地震发生的地方称为震源，深度最大可能到达地底下几百千米；地面下 60 千米以内是浅源地震，地面下 60 千米 ~300 千米算中源地震，超过 300 千米则为深源地震。浅源地震，深度小但破坏力却最大，最容易给人类带来灾害。

横波会造成左右震动，这种地震称为“构造地震”。另外，火山爆发造成的地层颤动也会引起地震，这种地震称为“火山地震”。根据科学家掌握的资料，其实每天都有地震发生，只不过多数都只是微小的震动，我们无法感觉到。

学习小天地

地壳内部的岩石层因高温高压不断膨胀，累积到一定程度后会导致岩层断裂、变形；而当火山爆发、岩浆迸发出来之后，原本膨胀的地方变成空洞，岩层因此塌陷，就会产生新的断层。这个过程中出现的地震，就是所谓的火山地震。

学习目标

自然之美

观察欣赏生活中动物、植物、石头、山川的变化。

自然灾害与防治

认识台风与地震造成的影响。

地震是怎么分级的？

每次地震过后，大家最关心的就是这次地震规模有多大，震度是几级。小朋友们，你们知道震级和地震烈度是怎么定义的吗？震级是对地震大小的量度。地震烈度则是指地震引起的地面震动及其影响的强弱程度，我们使用的是12度分法，分别用罗马数字表示，从Ⅰ开始，Ⅻ最高。

每一次地震，震级都只会有一个指数，而且每个地

知识补给站

气候是会影响地震的！科学家研究发现，干旱之后很容易出现震级比较大的地震，主要是因为长期干旱让地下水含量大幅减少，岩层因为缺水变得干燥脆弱，也就更容易发生断裂。

方测起来都一样，但是地震烈度则要看和地震发生位置的距离了，距离越近烈度越大，距离越远烈度越小，甚至会小到完全没有感觉。

学习小天地

海底也是有地震的！海底的岩层受挤压或是海底火山爆发，都会引发海底地震；而海底地震比较特别的是，它会引起海啸，对于沿海地区的居民造成大范围、毁灭性的伤害。

学习目标

天气与气候变化

认识天气预报，并适当应对不同的天气。

自然灾害与防治

认识台风与地震造成的影响。

地震前会有征兆吗？

爸爸，地震前会有征兆吗？
日本启动地震预警系统。
有啊，像岩层会有特殊的变形，地下水含量在短时间内也会有明显变化。要是能掌握这些自然变化，就能避免大灾难发生了！
那真的有地震预报这种东西吗？
有些科学家能通过一些仪器，大概推测地震可能发生的时间。
可是为什么新闻都没有报呢？
凭借目前的科技要准确预测地震还是有难度的，所以平常才没有地震预报。
爸爸，杯子摇来摇去，现在是地震了吗？

知识补给站

地震发生前除了科学仪器能侦测出自然变化外，我们也能用肉眼观察到一些异常现象。像是河水短时间内枯竭，原本没有水的地方突然冒出地下水，动物们突然变得焦躁、坐立不安，小昆虫集体出现乱窜等，这些都是在地震前会出现的征兆。

学习小天地

东汉科学家张衡发明的候风地动仪可以用来测定地震。它四周围绕着八条龙，分别对准八个不同的方向，龙头下各有八只蟾蜍，地震在哪个方向发生，龙嘴原本含着的小铜球就会往下掉落到蟾蜍的嘴中。

学习目标

天气与气候变化

认识天气预报，并适当应对不同的天气。

自然灾害与防治

认识台风与地震造成的影响。

火山是什么？

“快逃啊，逃得越远越好，火山就要爆发了！”电影里火山爆发前，整个小镇的村民都惊慌失措地收拾家当，准备逃到安全的地方避难。现实生活中，的确还是有些国家偶尔必须面对火山爆发的威胁。

地球内部温度非常高，浓稠的岩浆包含着气体，像一锅已经煮开的水在地底焖烧；地底除了温度高，压力

知识补给站

到现在都还常会爆发的称为活火山；已经长时间、许多年都没有任何火山活动的称为死火山；有一种是过去曾经喷发，但目前停了一段时间都没有喷发的，称为休眠火山。

也很大，岩浆累积的巨大能量最终会通过地壳比较薄或是有裂缝的地方，连同气体一起喷发出来，这就是火山与火山爆发。有些火山看起来好像不会喷出岩浆，只是持续冒烟，其实火山可能只是暂时堵住，等能量累积足够时可能就会大规模地爆发，绝对不要轻易忽视任何一座火山的威力。

学习小天地

在亚洲，火山最多的国家或地区是日本，而往南包括中国台湾、菲律宾、印尼等，整个太平洋西岸都是火山活跃的地带。这些火山所在的位置，正好是板块交界、碰撞次数多的地方。

学习目标

自然之美

观察欣赏生活中动物、植物、石头、山川的变化。

地表与地壳的变动

通过观察，了解土壤、沙石发生的变化（例如堆积或流失）。

火山上有湖泊吗？

小朋友们都知道火山的温度很高，也知道在许多高山地区会有湖泊出现，那么火山上会不会有湖泊呢？答案是有的！火山的最顶端是火山爆发、岩浆喷发出来的开口，通常看起来会是一个面积不小的圆形缺口。当火山活动沉静下来，火山喷发口被冷却的岩浆给堵塞住以后，慢慢地会有雨水累积在里面，最后就形成一个湖泊了。

知识补给站

长白山是一座休眠火山，天池是中国最大的火口湖。在台湾，阳明山群有许多死火山，像是大屯山、七星山等，因此也有火口湖；而像绿岛、澎湖列岛、兰屿等都是火山岛，是过去火山活动频繁时形成的！

xiàng zhè yàng zài huǒ shān dǐng xíng chéng de
像这样在火山顶形成的
hú chēng wéi huǒ kǒu hú huǒ kǒu hú de
湖，称为火口湖；火口湖的
hú shuǐ duì jū zhù zài fù jìn de rén huò dòng
湖水对居住在附近的人或动
wù lái shuō shì yī gè zhòng yào de yǐn yòng
物来说，是一个重要的饮用
shuǐ lái yuán yě yīn cǐ néng gòu dài dòng zhōu
水来源，也因此能够带动周
wéi de shēng wù huó dòng shì yī zhǒng zài yán
围的生物活动，是一种在严
kē tiáo jiàn xià de tè shū shēng cún fāng shì
苛条件下的特殊生存方式。

学习小天地

美国的夏威夷群岛上有一座基拉威厄火山，火山口有一个科学家称之为岩浆湖的湖。不过这个湖里装的不是水，而是滚烫冒泡的岩浆，只是它的样子看起来像湖，因此才得到这样的称呼。

学习目标

自然之美

观察欣赏生活中动物、植物、石头、山川的变化。

地表与地壳的变动

通过观察，了解土壤、沙石发生的变化（例如堆积或流失）。

经纬线是什么？

爸爸，地球仪上面为什么有这么多细细的黑线啊？
那些就是地球的经纬线啊！
经纬线是什么东西啊？
科学家们为了明确标示世界各地的位置，决定用这种画线的方式方便人们理解。
经线和纬线分别代表的是什么？
通过南北两极的纵线叫经线，跟赤道平行的横线就叫纬线。
经
纬
哈哈！假想的线实际上还是有用的！

知识补给站

0度经线也称本初子午线，东西两半球又各分为东经0~180度和西经0~180度。赤道则是纬度0度，往南北两极各分为北纬0~90度和南纬0~90度。利用经纬线交错的度数，可以标示出地区所在的位置。

学习小天地

经纬线交错的度数用来标示位置，我们称之为地理坐标，而经线度数的确定，是在1884年国际天文学家代表会议上完成的。另外，有了经纬线，我们也更能了解世界各地不同的时区，因此更能掌握和解决时差的问题！

学习目标 运动与力

知道要表达物体的“位置”，应包括坐标、距离、方向等信息。

闪电是什么？

“啊，刚刚天空出现一道很强的白色闪电，形状像树枝一样，范围很广，瞬间把天空照得好亮！”夏天的午后常常有大雷雨，伴随着“轰隆轰隆”的雷声，一道道白色、不规则形状的闪电在天空中跳舞。闪电到底是从哪里来的呢？

电分成正电和负电，而太阳将水蒸发凝结成为云的时候，会将正电和负电分开。当带着正电的云跟带着负

知识补给站

避雷针其实不是躲避闪电，反而是要吸引它。避雷针通常都非常尖锐并设置在高楼大厦的最高处，当闪电打在上面时，它能通过导线把闪电引导到地底，让闪电无法对建筑物造成影响。

电的云相互靠近，那一瞬间就会产生闪电。闪电很容易打在比较高或者尖锐的物体上，所以遇到大雷雨的时候绝对不要跑去大树下避雨，避免闪电击中大树而连带发生意外。被闪电打到的话可能会受到严重的灼伤，也有可能立刻死亡，因此一定要小心避开。

学习小天地

闪电产生的高温会使空气中的氮跟氧产生作用，生成氮的氧化物，随着雨水降到地面，渗入土壤生成硝酸盐，也就是氮肥料；闪电造成森林大火，植物燃烧后化为含有矿物质的灰烬，这些都是天然的肥料，让土壤更肥沃。因此闪电对人类还是有一定的贡献呢！

学习目标 自然之美

观察欣赏生命成长、天象、地质、海洋、气候变化的奥妙。

为什么会有日食和月食？

“啊！大家快看，太阳整个都变成黑色的了！”街上的路人纷纷停下脚步，抬头观赏这个难得一见的天文现象。“日食”是月球运行到太阳和地球中间，挡住太阳的光芒时发生的。从地球上看起来就像有一部分的太阳消失了。依照遮蔽的程度，日食分为“日全食”、“日环食”和“日偏食”。

知识补给站

月食发生的时间比日食还长，月全食最长大约 1 小时 46 分 36 秒，但日全食最长大约只有 7 分 28 秒。历史上记载曾在同一年内发生 5 次日食的共有 6 次，最近的是在 1935 年，而下一次出现，则是在遥远的 2206 年！

而“月食”是当地球运行到月球和太阳中间，地球被太阳光照射出现的阴影遮在月球表面时发生的。就像月球消失了似的。“月食”可分成“月全食”、“月偏食”和“半影月食”。古代人们还不了解天文科学，也不了解什么地球自转和公转，所以看到日食或月食的时候会觉得恐惧，以为世界末日到了，所以就有像“天狗食月”这类的民间传说出现了！

学习小天地

目前科学上知道日食会为人类带来一些灾害，例如：气温降低、能见度下降导致交通运输工具无法运行、通讯系统及卫星信号丧失等。观察日食也可能造成眼睛灼伤，所以一定要先戴上特殊的防护眼镜再进行观察。

学习目标 自然之美

体会日、地、月所形成的时序之美（例如春花、秋月、枫红）。

为什么太阳还没下山，月亮就出来了？

走在放学回家的路上，突然有小朋友望着天空，兴奋地大喊：“太阳和月亮同时出现在空中！好神奇啊！”大家是不是也看过月亮和太阳同时挂在天空两端呢？月亮为什么要急着现身，明明天还没黑呀！

月亮是绕着地球转的卫星，当月亮刚好走到地球和太阳之间，因为背光看起来像消失了，称为“朔”；而

知识补给站

落日有时候看起来比平常扁，好像椭圆形，视觉上太阳变形是因为大气层折射光线的缘故。贴近地平线的太阳下半部，要穿过的大气比较多，因此受到了明显影响，看起来形状就变了。

地球在太阳和月亮之间时，则会出现满月，叫作“望”。在上半个月里，从朔到望的月亮位于太阳的东边，在上半夜就会从地平线上升，提早出现；相反的，在下半个月里，从望到朔的月亮位于太阳的西边，下半夜才升起，比较晚才落下。因为这样，才会有太阳和月亮同时在天空中的画面！

学习小天地

太阳和月亮刚升起和落下时，看起来比平常大是因为“光渗作用”。日月升起和落下时，四周天空都还暗沉沉的，白光就会从太阳和月亮明亮的表面往外渗出，看起来就有放大的效果。

学习目标 天气与气候变化

知道月亮东升西落。

观察并知道月亮有盈亏现象（月相变化）。

光会造成什么污染？

“天空明明晴朗无云，可是怎么看不到星星呢？”很多人在城市里想看星星，抬头仰望夜空却常得到这样的疑问。电灯让学生在夜晚有足够的光可以读书，深夜路灯、霓虹灯点亮了城市夜色。现代人在夜晚也能继续各种活动。夜生活丰富了，但是电灯却也带来“光污染”。

家居照明、汽车车灯、广告霓虹灯、路边街灯等，

知识补给站

光污染也称“光害”，对天文学家来说是严重的问题，因为光害导致他们无法看见星星，更不可能清楚地观察星星的细节，即使用天文望远镜观测，仍然会受影响。为了提高观测准确度，天文台大部分都设立在远离城市光害的山上。

这些灯位于城市的各个角落，方便了我们的生活。城市夜晚天空的亮度不输白天，从高处看夜景或许很美，但其实光污染让许多动物昼夜不分、夜行生物和候鸟都无法辨别方向，还会引发人类失眠、内分泌失调等问题。这就是人们不常提到，但需要被正视的光污染。

学习小天地

起源于美国弗吉尼亚州的“国际黑暗天空周”，从2002年开始，在每年四月都会有为期一周的关灯时间，民众可以和天文学家一起享受没有光害的星空，还能达到节约能源的效果，值得大家一起参与！

学习目标

<u>自然之美</u>

体会日、地、月所形成的时序之美（例如春花、秋月、枫红）。

<u>人类与自然界的关系</u>

知道人类活动会影响其他生物。

什么是“激光”？

xiǎo péng yǒu kàn guò yī tiáo yī tiáo bǐ zhí de jī guāng ma kē huàn gù shi li de
小朋友看过一条一条笔直的激光吗？科幻故事里的
jī guāng qiāng yǒu hěn qiáng de shā shāng lì néng shè chuān qiáng bì xiàn shí shēng huó li de
激光枪，有很强的杀伤力，能射穿墙壁；现实生活里的
jī guāng yě dí què néng zhì chéng wǔ qì jī guāng jù yǒu dān xiàng qián jìn dān yī yán
激光，也的确能制成武器。激光具有单向前进、单一颜
sè děng tè zhēng bǐ yī bān de guāng néng shè de gèng yuǎn
色等特征，比一般的光能射得更远。

jǔ lì lái shuō pǔ tōng de shǒu diàn tǒng zhào dào yī dìng de jù lí guāng jiù huì
举例来说，普通的手电筒照到一定的距离，光就会
biàn dàn shèn zhì kàn bù dào dàn jī guāng què néng bǐ zhí de zhào dào hǎo jǐ mǐ wài bái
变淡甚至看不到，但激光却能笔直地照到好几米外，白

知识补给站

激光被广泛运用在生活中，例如：老师手上指着黑板的红色激光笔，工业焊接、打孔时的切割工具，舞池灯光秀，武器等。因为不像手术刀一样有细菌感染的问题，在整形医疗或近视手术时，激光也是医生钟爱的仪器。

天也看得见，亮度强了好几倍。20世纪中期，美国物理学家梅曼，利用闪光灯管和红宝石，射出了人类第一束人造激光，发现光所集中的那一点会产生高温。曾经只在科幻故事里出现的神奇激光枪，现在已经被广泛地利用了！

学习小天地

激光有一定的危险性，强烈的激光如果直射眼睛，会灼伤眼睛，造成严重的损害。小朋友们使用会发射激光的器具像激光笔时，一定要小心，绝对不能直射眼睛！

学习目标 声音、光与波动

知道光可用“明暗”“颜色”等来描述。

了解人对光的感受，由光影、颜色等可获得很多信息。

指南针为什么都指向同一个方向？

“登山一定要随身携带指南针，万一不小心迷路才有办法判断，找到正确的路！”小朋友们对指南针这个东西一定不陌生，也知道指南针无论何时何地一定会指向南北两个方向，不过这是为什么呢？难道有人对指南针施了魔法？

其实指南针就是针对地球南北两极的磁场而设计

知识补给站

大家似乎都认为南北两极的地磁是永远不会变的，但其实根据科学家的研究，在过去约 450 万年的时间里，地磁曾经有四次的转换呢！也就是原本的地磁南极跑到北边，而地磁北极跑到南边，这种现象称为“磁极倒转”。

的。目前多数科学家认为，地球磁场是因为地球内核有带电的液体，它在流动时就会产生稳定的电流，因而形成稳定的地球磁场，磁场的两极正好落在地球的两极地区。不过这个理论实际上还需要更多的验证。只能说，自然界还有许多问题仍然在等待着我们去探索。

学习小天地

高纬度地区的天空，有时会出现色彩绚丽的极光，为什么在其他地方都没有呢？极光是由太阳与地磁中的高能带电粒子流，在高纬度地区跟大气中的分子碰撞，产生电而发光；又因大气成分的不同，会发出绿色、紫色等颜色的美丽极光。

学习目标

运动与力

知道要表达物体的“位置”，应包括坐标、距离、方向等信息。

电磁作用

知道指南针的偏转是磁针与磁场（如地磁或导线通以电流）交互作用的结果。

能量是什么?

爸，我好饿呀，能量好像快用完了。
HP
你知道什么是能量吗？能量很抽象，看不到，没有一定的形状，但我们还是认为它存在。
为什么会认为它存在呢？
如果没有电给予能量，手机就无法使用；没有火炉给予能量，水就烧不开。简单来说，能量是一种能让其他物体运作的无形的物质。
我现在要吃东西补充能量！
HP

知识补给站

如果一个物体跑得很快，我们说它的动能很大。例如：一架高速喷射的飞机，咻一声飞过好几栋高楼大厦、好几片田地，它的动能就比我们跑步时还大。

学习小天地

棒球投手投出的球速度都很快，没有经过训练的人很难达到，尤其是高速直球，球速和威力都很惊人；捕手也很厉害，不管多快的球，捕手都能接住。有机会不妨试接一个球看看，感受球的动能，但千万要小心不要受伤。

学习目标 能源的开发与利用

知道什么是能源，并认识日常生活中常用的能源（例如煤气与电能）。

时光旅行可能吗？

“好羡慕大雄啊，可以搭哆啦A梦的时光机！”看过动画片《哆啦A梦》的人，一定对时光机有很大的憧憬。如果有一天，人类可以直接飞到未来的世界，那就太神奇了！

就理论而言，时光旅行是可能的，这要归功于爱因斯坦的相对论。相对论中提到光速永远不会改变，因此

知识补给站

假如有一对兄弟，哥哥坐上接近光速的火箭旅行，而弟弟则在地球等哥哥，当哥哥完成旅行回到地球后，会发现弟弟已经白发苍苍。这个奇妙的故事显示，物体以接近光速行进时，时间会比正常还要慢。

当物体以接近光速运动时，物体上的东西度过的时间会比较慢，这个时间差就可以让人进行时光旅行。虽然现在的科技还无法让物体以接近光速飞行，但也许在未来是可以实现的！

学习小天地

科学家们曾假想用“光钟”来进行实验，两片镜子面对面放着，然后把光打在其中一片上，以光反射到两个镜片上的时间为一个时间单位；当光不断地反弹，反弹周期会越来越慢，就是所谓的“钟慢效应”，这也是制造时光机的原理。

学习目标 **科学的发展**

在适当时机，介绍科学家的研究事迹。

为什么要设计时区？

过去人们通过太阳来确定时间，但世界各地的人看到太阳升起的时间都不相同，这样就会有千万种时间观念，领土广大的国家更会分裂出几百种时间观。为了方便全球交流，人们才决定设计时区。

1884年，各国开会决定以穿过英国格林尼治天文台的经线为0度的“本初子午线”，本初子午线以东、以西

知识补给站

地球由西向东自转，时区与时区之间彼此相差一个小时，所以我们能计算出别的国家的时间。中国北京大约位于东经120度，跟英国相差8个时区；如果现在英国是中午12点，中国时间则是同一天的晚上8点。

各7.5度之间为第一个时区（又称零时区），由此再向两侧划分每15度为一个标准时区。总共刚好24个时区，符合一天24小时。虽然时区以经度为划分标准，各国还是能统一自己的时区；譬如中国实际上横跨了5个时区，但为了方便起见，统一以首都北京的时间为准。

学习小天地

时区与时区间有时差，人如果因旅行而到了不一样的时区，经常导致生活作息失调。在甲地晚上想睡觉的人，到了日夜颠倒的乙地，会变成早上想睡觉；身体还停留在旧时区的规律里，往往要花一段时间适应新时区。

学习目标

地球和太空

知道太阳东升西落，使一天分为白天和黑夜。

科学的发展

介绍人类利用科学改善生活的演进史。

为什么2月只有28天？

爸，一个月有几天是怎么定的？
12月 25
古罗马的凯萨大帝依照建议，将一年定为12个月，单月31天，双月30天。
2
那为什么2月天数会比较少呢？
上面规定中1年有366天，多了一天。因为那时死刑在2月执行，凯萨觉得不吉利，于是2月天数减去一天。
2月 28
不过2月只有28天呀？
凯萨7月出生，屋大维8月过世，于是这两个月定为大月。但这样却多出一天，因此就再把2月扣掉一天。这样沿袭下来就有7月前单月为大月，7月后双月为大月，2月28天。
2月 28
哈哈！这个故事真有趣！

知识补给站

古罗马过去没有历法，后来虽然有以凯萨大帝命名的儒略历系统，但还不精准，每年实际少约 0.24 天，只好每 4 年在 2 月增加一天，成为 29 天，这就是“闰年”的由来。

学习小天地

儒略历事实上有误差，每 400 年就会多出大约 3 天。16 世纪，误差大到影响宗教节庆的举办，于是罗马教皇格里高利十三世宣布，无法被 400 整除的世纪年不算是闰年，这样每 400 年可以少掉 3 天误差。

学习目标

<u>科学的发展</u>

介绍人类利用科学改善生活的演进史。

<u>自然之美</u>

体会日、地、月所形成的时序之美（例如春花、秋月、枫红）。

大显身手学习单

认识地球

姓名：__________

地球上有着各式各样的地形景观，小朋友你知道这些景观是怎么形成的吗？快来连连看吧！

山脉 · · 细小的沙石与珊瑚、贝壳堆积

峡谷 · · 地壳挤压

沙洲 · · 石灰岩的溶蚀作用

沙滩 · · 河川侵蚀与冲刷

钟乳石 · · 河口泥沙堆积

你学到了什么：__________

自然灾害

姓名：____________________

自然灾害无所不在，小岚和小伍家最近也碰到了一些状况，听听他们说的，小朋友知道他们遇到了什么灾害吗？把字母代号填进空格里吧！

1. 小岚：“前天晚上家里发生（　　），天摇地晃，柜子上的东西都掉下来了，幸好没有人受伤。”
2. 小伍：“附近的森林冒出浓浓的白烟，似乎是受到（　　）的影响，而发生火灾。”

大显身手学习单

A. 焚风

B. 台风

C. 地震

D. 火

你学到了什么：____________________________________

认识地球解答

地球上有着各式各样的地形景观，小朋友你知道这些景观是怎么形成的吗？快来连连看吧！

	山脉	细小的沙石与珊瑚、贝壳堆积
	峡谷	地壳挤压
	沙洲	石灰岩的溶蚀作用
	沙滩	河川侵蚀与冲刷
	钟乳石	河口泥沙堆积